我是小小巴菲特

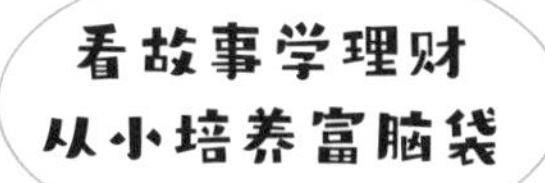

陈重铭 著

蔡嘉骅 绘

北京时代华文书局

图书在版编目（CIP）数据

我是小小巴菲特：看故事，学理财 / 陈重铭著；蔡嘉骅绘 .—北京：北京时代华文书局，2022.12
ISBN 978-7-5699-4870-7

Ⅰ. ①我… Ⅱ. ①陈… ②蔡… Ⅲ. ①财务管理－儿童读物 Ⅳ. ① TS976.15-49

中国国家版本馆 CIP 数据核字（2023）第 003513 号

北京市版权局著作权合同登记号 图字：01-2021-4459

拼音书名 | WO SHI XIAOXIAO BAFEITE: KAN GUSHI XUE LICAI

出 版 人 | 陈 涛
选题策划 | 樊艳清 王凤屏
责任编辑 | 樊艳清
执行编辑 | 王凤屏 耿媛媛
责任校对 | 凤宝莲
装帧设计 | 程 慧 孙丽莉
责任印制 | 刘 银

出版发行 | 北京时代华文书局 http://www.bjsdsj.com.cn
北京市东城区安定门外大街 138 号皇城国际大厦 A 座 8 层
邮编：100011 电话：010-64263661 64261528
印 刷 | 河北环京美印刷有限公司 电话：010-63568869
（如发现印装质量问题，请与印刷厂联系调换）
开 本 | 787 mm×1092 mm 1/16 印 张 | 10 字 数 | 87 千字
版 次 | 2023 年 5 月第 1 版 印 次 | 2023 年 5 月第 1 次印刷
成品尺寸 | 170 mm×240 mm
定 价 | 58.00 元

使用说明

本书共有 15 堂课，每堂课分为 3 个部分：

1. 引言 + 导读问答

年纪较小的孩子，请在父母的陪伴下一起阅读，并试着将 Q&A（问和答）部分的主角换成父母和孩子自己，看看会有什么新的感悟和收获。年纪较大的孩子，则可以提出自己的想法，和父母一起进行讨论。

2. 说故事时间

请小朋友先看故事前面的图画，再说说，图画表达了什么内容，然后再阅读后面的故事。

3. 理财观念

每篇故事后面都会讲述一个理财观念，并提供建议与做法。请父母和孩子读完之后，一起想一想，生活中是否有相似的例子，也请孩子说一说，如果换成自己应该怎么做。

最后，请父母带着孩子一起拟定一个存钱计划，正式开启投资理财的第一步！

*：本书中所举事例均为中国台湾地区事例。

自序

我在学校从事教学工作已有 23 年了，有 3 个小孩，完全可以体会家长“望子成龙”的期盼。我见过许多家长为了孩子的成绩烦恼，甚至寝食难安。小孩子则是背负着父母的“孩子，你将来要比我强”的愿望，拼命地补习，拼命地学习一大堆才艺，也是压力很大。

记得有一天晚上 9 点，我去公园散步，经过某家收费很昂贵的私立中学时，那学校才刚刚放学，一群背着很重的书包的学生挤满了路口，看得我有一点感慨：孩子的童年只有一次，偏偏被课本和考卷压到喘不过气来。就算这么努力地读书，每个学生都可以金榜题名吗？从名校毕业后，人生就一片光明了吗？

童年时我住在农村，经常在田间抓蜻蜓、蝴蝶，在池塘和溪边抓小鱼，无忧无虑，非常开心。或许我比较聪明，又比别的小孩勤奋，小学时的考试成绩总是名列前茅。读初中时，老师们非常认真地鞭策我们，一天考 5 次试是很平常的事，而且是“90

分及格，差 1 分就打一下手掌”，初中 3 年，我每天读书到凌晨才能上床睡觉。

尽管高中和大学时期的我比较爱玩儿，但当兵退伍后我还是考上了台湾大学和其他大学的研究所。不过，我拒绝了台湾大学，这听起来似乎很“酷”。其实我的工作生涯并没有一帆风顺，我当过 5 年的老师，前前后后又换过 6 份工作，最后也只是一个高职机械系的教师。

我们这么努力地读书，目的还不是要找份工作，赚钱养家？为了小孩的教育和生活费，我们夫妻两人都要上班赚钱，小孩只能送到幼儿园，幼儿园也一直拿“赢在起跑线上”来引导家长。我们又掏出钱来让孩子学体育、外语、作文、钢琴……尽管花了很多钱，但我的 3 个小孩最后都没有考上公立大学。

就算一个人会读书、名校毕业，他将来的人生也不一定会高人一等。我读了 18 年的书，研究生考上了台湾大学，还拒绝了台湾大学，又怎么样呢？一样是努力工作了 25 年，最后还是靠着我自学投资理财，帮自己打开了另一扇窗，我才可以提早退休。

中国台湾股市的上市公司每年发放超过 1 万亿元新台币*的

---

* 1 新台币≈0.223 元人民币

新台币的单位为元，本书中除特别说明，所有为“元”的价格均为新台币。

现金股利，股利的来源是，有很多优秀的企业和员工在努力赚钱。所以，就算你的小孩不会读书考不上名校、找不到高薪的工作，一样可以靠合理投资股市来帮自己赚钱。

投资理财才是改变我人生的最大推手，可惜在台湾以升学为主的教育环境中，往往忽略了理财方面的教育！请不要怪学校，因为老师一样是在靠劳动赚钱，也不一定懂理财，所以理财教育还是要靠家长自己来。

我想提醒一下家长，种一棵“摇钱树”需要 20 年的时间，所以越早种下这棵树越好。前人种树，后人才可以乘凉！在孩子出生时，家长帮他种下小树苗，小树苗跟着孩子一起长大，等到孩子大学毕业时，“摇钱树”也长成了大树！此时，孩子上班领一份薪水，再从“摇钱树”上“摇”下一些股利来帮忙还房贷，人生会轻松很多。

人生真的不轻松。读书、工作用 40 多年的时光。很多人要工作到退休后才能自由、轻松一下，但是那个时候年纪大了、体力衰退了，可能已无法完成年轻时的梦想。人生，最终追求的还是“自由”，只是你要先达到财务自由，才不会被工作消磨掉宝贵的人生。

父母帮孩子种“摇钱树”，就是帮孩子开启另一个可能，帮孩子真正赢在起跑线上。同样孩子也需要具备投资理财的知识，才能守住父母辛苦种下的“摇钱树”，并持续灌溉，让这棵树长得更高、更壮，摇下更多的股利。

理财教育应该从小抓起，我的这本书跳脱出一般教科书式的写法，用 15 个小故事，启发孩子理解负债、资产、主动收入、被动收入、财务自由等概念，让孩子们从小就知道金钱是一个工具，学会妥善使用金钱，并让金钱为自己工作。如果你希望你的孩子能够赢在起跑线，请增加孩子的投资知识，并提早帮孩子种下一棵“摇钱树”。

有了这棵“摇钱树”，你的孩子不用辛苦挤破头进入名校，不用被不喜欢的工作消磨掉一辈子，可以提早自由自在地生活，完成自己的梦想，这才是真正值得过的人生。

目录 CONTENTS

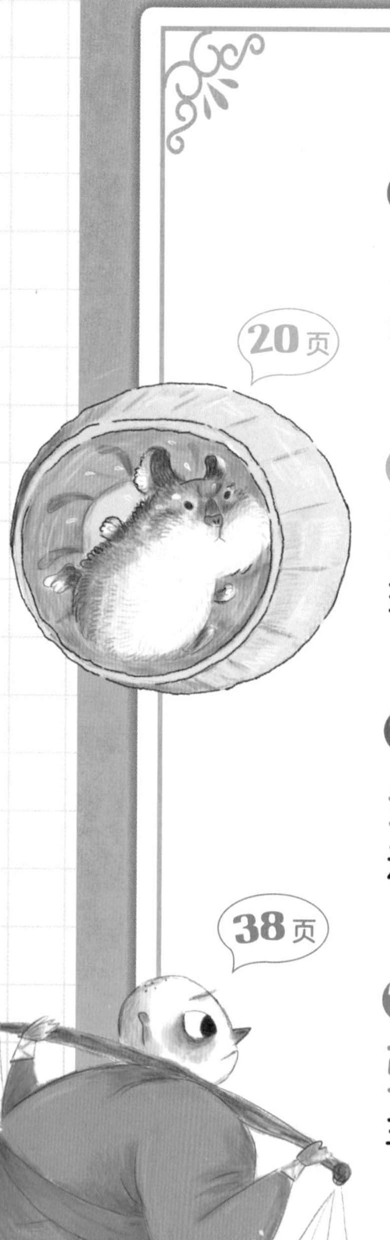

Let's Cafe

第1课

蚂蚁和蚱蜢

先存钱再花钱

小朋友，你拿到零用钱之后，是想着赶快花光光，还是想着存下来呢？有些人经常吃喝玩乐，看起来过得很幸福，但这种日子真的值得羡慕吗？会不会有什么风险呢？

你知道爸爸为什么有时候在节假日也要工作吗?

是因为工作太多了?

不是,是为了多赚一点钱以备不时之需啊!

钱不是够用就好了吗?

蚂蚁和蚱蜢

夏天的时候，蚂蚁们辛勤地工作，努力收集食物，以便冬天有粮食可以食用。可是，蚱蜢不这样，它每天快乐地弹琴、唱歌，过一天算一天，因为它认为“人生短暂，必须及时行乐”，于是，就把储存食物这么重要的事情，抛到九霄云外去了。

日子一天一天过去，寒冷的冬天来临了，北风

呼呼地吹，许多昆虫都躲在家中过冬。蚂蚁因为夏天工作努力，储备了很多的食物，可以安心地度过整个冬天。贪图享乐的蚱蜢却要挨饿了，谁让它只顾着在夏天享乐，忘记提前准备冬天的食物。

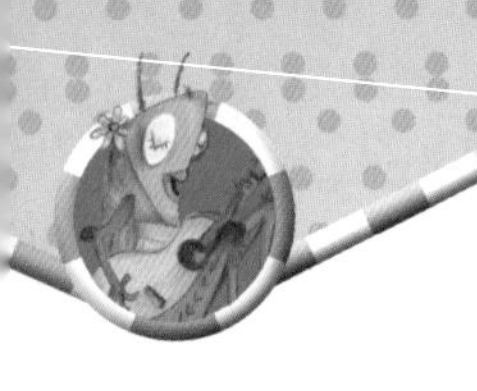

先存钱再花钱

储蓄的道理和念书、考试一样，平日做好充分的准备，才能有备无患。如果每天回家都能用功读书，把知识存在脑海中，考试前就不用临时抱佛脚。小朋友长大后，开始工作赚钱时，也要好好储蓄，不要随便把钱花光光。

例如，2020 年新冠肺炎*（新型冠状病毒肺炎的简称）大流行，很多公司暂停营业，导致员工降薪或没有薪水可领，如果这些员工平时没有储蓄，那他们很可能要饿肚子了。

那么，要储蓄多少钱才够用呢？答案是：至少要准备半年到一年的生活费用。举例来说，如果你每个月的生活费是 1 万元，那么就要储蓄 6 万到 12 万元。万一将来你要换工作，或者突然失业，有了这些储蓄，你才不会慌慌张张，过苦日子。

---

* 2022 年 12 月 26 日，中国大陆将新冠肺炎更名为新型冠状病毒感染。

不要当个“月光族”

小明是一个上班族，每个月的薪水是1万元，但是他没有做好金钱的安排，月初发了薪水后就和朋友到处吃喝玩乐，活得像个皇帝，到了月底没钱了，只好四处跟朋友借，活得又像个乞丐。这种每个月把薪水都花光光的上班族，被大家叫作“月光族”。

那么，小明该如何避免做个月光族呢？他要先适当地规划每个月的薪水。假设他每个月在房租、水费、电费方面的花销是3000元，每个月想要储蓄2000元，其他花费就是5000元，按每个月30天算，那么平均每天就只能花160多元。按这样规划执行，小明不但能避免当月光族，而且每年还能存下24000元。

这样存钱才正确

为什么很多人都存不下钱呢？因为他们选择先花钱，只在钱有剩余的时候才会存起来。可是这样的话，通常会把钱花光光，也就没有钱可以存了。所以攒钱的重点就是“先存钱、再花钱”。例如小明在拿到薪水后，可以先把2000元存起来，剩下的钱才能当作生活费，这样就可以存下钱。

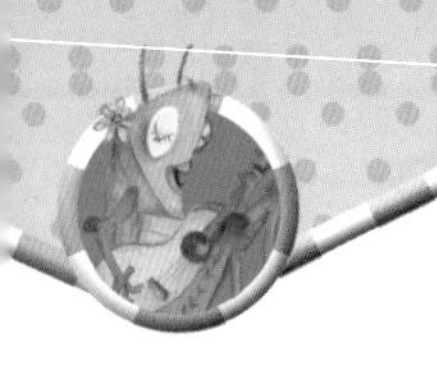

通货膨胀

小学生都很喜欢吃的“科学面”（台湾地区一种方便面的名字），是在 1978 年上市的，当时一包的售价只有 4 元，可是到了 2018 年，一包科学面的售价已经变成了 10 元，40 年间价格上涨了 2.5 倍。

东西越来越贵，这就叫作通货膨胀，简称通胀；而每年价格上涨率叫作通货膨胀率，也叫作物价变化率。科学面在 40 年间涨了 2.5 倍，平均每年的通货膨胀率为 2.3%。

通胀会让物价变贵

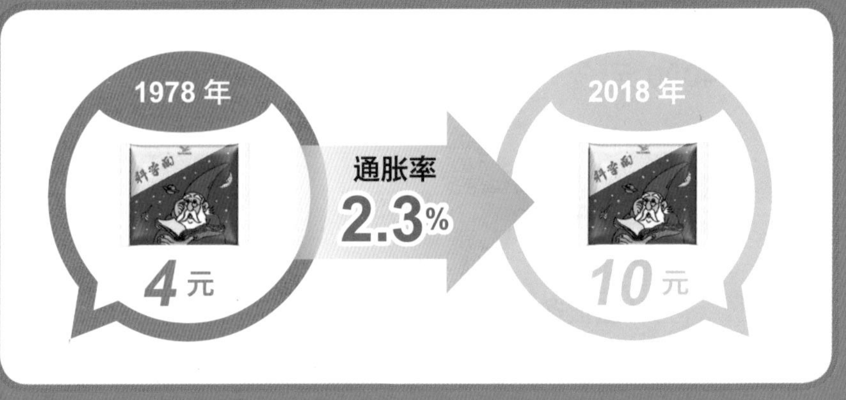

按照这个比率计算，再过 40 年（2058 年），科学面的价格会涨到一包 25 元。如果 2018 年，你的小猪存钱罐里有 100 元，那个时候你可以买 10 包科学面，可到了 2058 年，你就只能买到 4 包科学面。你的小猪存钱罐里的 100 元并没有变，但是购买力下降了。

假设小明在 2018 年少吃一包科学面，把这 10 元存在银行，每年的利率是 0.8%，40 年后，这 10 元会变成 14 元，可是科学面变成了 25 元，还是买不起科学面。

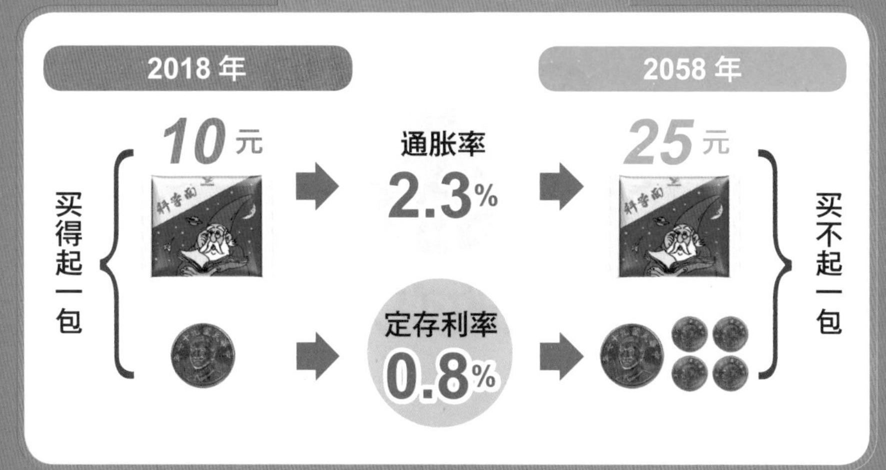

通货膨胀只会让物价越来越贵，所以不要存太多的钱在小猪存钱罐里，存钱罐不会给你利息。那么把钱存在银行好不好呢？银行会给利息吧！2021 年台湾的银行的一年期定存利率只有 0.8%，也就是你的钱每年只会增加 0.8%，可是科学面每年会贵 2.3%，利息增加的幅度跟不上物价上涨的幅度！

那么，要把钱放在哪里呢？当然是买进好公司的股票！科学面是哪家公司出品的，当科学面涨价的时候，这家公司也会赚更多的钱，如果小明把钱拿去投资这家公司，当这家公司的股东，等这家公司赚了钱，就会分红给小明，小明也就不怕科学面涨价了。

第2课

滚轮上的仓鼠

理财可以改变人生

小朋友，你有没有想过，人们拼命工作、努力赚钱的目的到底是什么呢？也许你会说，是为了“买自己想要的东西”，但是如果想要的东西很多，到底要赚多少钱才够呢？

领到压岁钱，我可以全部拿它去买衣服和我想要的玩具吗？

如果你把钱都花光了，就要再等一年才能无忧无虑地买想要的东西；如果把钱存下来，钱有可能变成 2 倍，这样你的钱就更多了，也不用再等一年了。

那我要等多久才能把钱变成 2 倍啊？

别急！要有耐心！

第2课
滚轮上的仓鼠

滚轮上的仓鼠

有一天，小明和同学一起逛宠物店，看到了一窝小仓鼠，这些小仓鼠有着水汪汪的眼睛，吃起东西来非常可爱。小明深深地爱上了它们，便在回到家之后跟妈妈吵着说想养小仓鼠。后来妈妈和小明约定，如果小明这次月考努力一点，考得三个 100 分的话，就可以把小仓鼠带回家。

从那一天起，小明非常努力地念书，终于拿到了三个100分，也如愿以偿地得到了一只小仓鼠。第一次养宠物的小明非常开心，因为小仓鼠实在是太讨人喜欢了，小明不停地喂它饲料，没过多久，小仓鼠竟然变成了胖仓鼠！

也因为变胖的关系，小仓鼠逐渐变得不爱走动，每天懒懒的，一直睡觉。为了让小仓鼠减肥，小明特地去买了一个滚轮给它运动。一开始小仓鼠并不爱跑步，但是小明每天都会等到小仓鼠跑完步，才给它吃饲料。久而久之，小仓鼠就知道它必须跑完滚轮才会有饲料吃，也就乖乖地运动了。

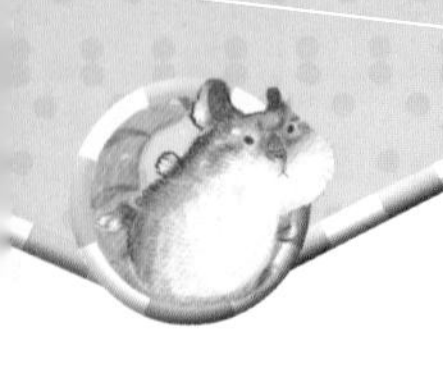

理财可以改变人生

小仓鼠的生活空间狭小，只能在滚轮上面运动，一生就是睡觉、跑步、吃饲料、再睡觉。这样简单枯燥的生活，是不是让你觉得它有点可怜呢?

人的一生不一定比小仓鼠轻松。例如，大多数人大学毕业后就要开始工作，赚钱养活自己；一旦结婚，还要买房子，背负20年的房贷；等到孩子出生后，孩子的开销和学费又是一大笔钱；还要买车带全家人出去玩，寒暑假可能全家要出国旅游，又要花很多钱……所以人的一生就是在“赚钱→花钱→赚更多钱→花更多钱”这个“滚轮”上跑个不停，这是不是和小仓鼠在滚轮上面跑步一样呢?

大多数人就是这样跑个不停，没办法好好休息喘口气。等到房贷还清了，孩子也长大了，自己才能够停止“在滚轮上跑步”这个“游戏”。可是这个时候，自己的头发已经白了，体力也衰退了，人生早就过去了一大半了。

用两个方法尽早逃离滚轮游戏

如果不想和小仓鼠一样，在滚轮上跑个不停，该怎么做呢？我教大家两个方法：

1. 避免恶性循环

很多人的一生就是“起床、上班、付账，再起床、再上班、再付账……”于是他们必须不断追求更高的薪水，然后再背负更大的账单，这样就形成了一个恶性循环，一辈子也无法从“在滚轮上跑步”的游戏中逃出来。想要避免恶性循环，最重要的就是不要乱花钱，应该把钱花在正确且有益的地方。

2. 投资自己

理财知识的多寡，是贫穷还是富有的主要因素。所以我们要多读书的同时，也学习投资理财的相关知识，像有钱的人一样思考，提升自己的价值，早日脱离“在滚轮上跑步”的游戏，夺取人生的主动权。

第3课

穷人和富人

远离穷思维 培养富头脑

为什么世界上有富人，也有穷人？富人是天生就有钱吗？穷人都好吃懒做不努力吗？你知道吗，不一样的赚钱方法，可能会让人的命运变得完全不一样哦！

你知道世界上 1% 的有钱人，拥有的财富比其他 99% 的人拥有的加起来还多吗？

为什么他们可以那么有钱呢？

因为他们懂得靠钱和其他人，帮他们赚钱。

用钱也能赚钱吗？

穷人和富人

从前有一个穷人，每天都吃不饱、穿不暖，于是他跪在佛祖面前痛哭流涕，心里哀叹他天天干活，累得半死，却没办法达到温饱。哭了一阵子后，他和佛祖抱怨道："这个世界太不公平了，为什么富人可以天天悠闲自在，穷人却要天天吃苦呢？"

没想到佛祖居然显灵了，微笑着问他："那要怎样你才会觉得公平呢？"

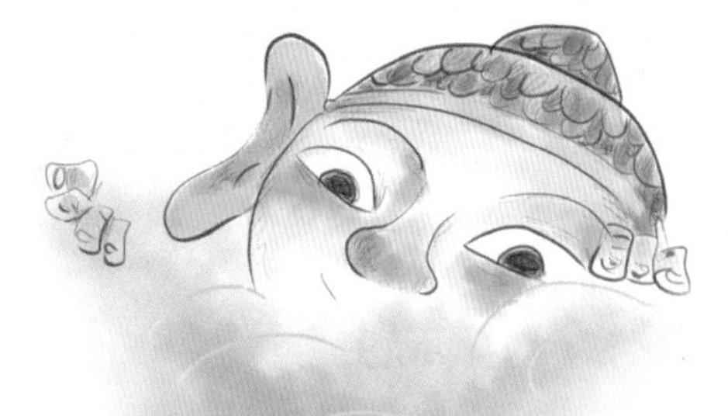

穷人急忙回答："让富人和我一样穷，做一样的工作，如果这样他们还可以变成有钱人，那么我就心甘情愿，不会再抱怨了。"

于是，佛祖找来一个富人，把富人变得和穷人一样穷。然后佛祖给了他们两人各一座山，山中都蕴藏着大量的矿石，富人和穷人可以每天去挖矿石，将挖来的矿石卖掉之后，再用钱来买生活用品，但是挖矿石的期限只有一个月。

穷人和富人一起去挖矿石。由于穷人平常习惯做苦力，很快就挖了不少矿石。他用车将矿石运往市场卖了钱，用钱给家人买了鸡鸭鱼肉等好吃的食物。

可是那个富人平时养尊处优惯了，刚开始挖矿石就已经累得满头大汗，只能一边挖，一边休息，到了傍晚才勉强挖了一车的矿石。他也将矿石拉到市场去卖了钱，不同的是，他用卖矿石的钱给家人只买了一些便宜的面包来果腹，将其余的钱存了起来。

到了第二天，穷人又赶紧到山上挖矿石，将赚来的钱给家人买上好的衣料。富人却跑到市场去，用昨晚存的钱，请了两个身强体壮的工人，让这两个工人去挖矿石。富人站在

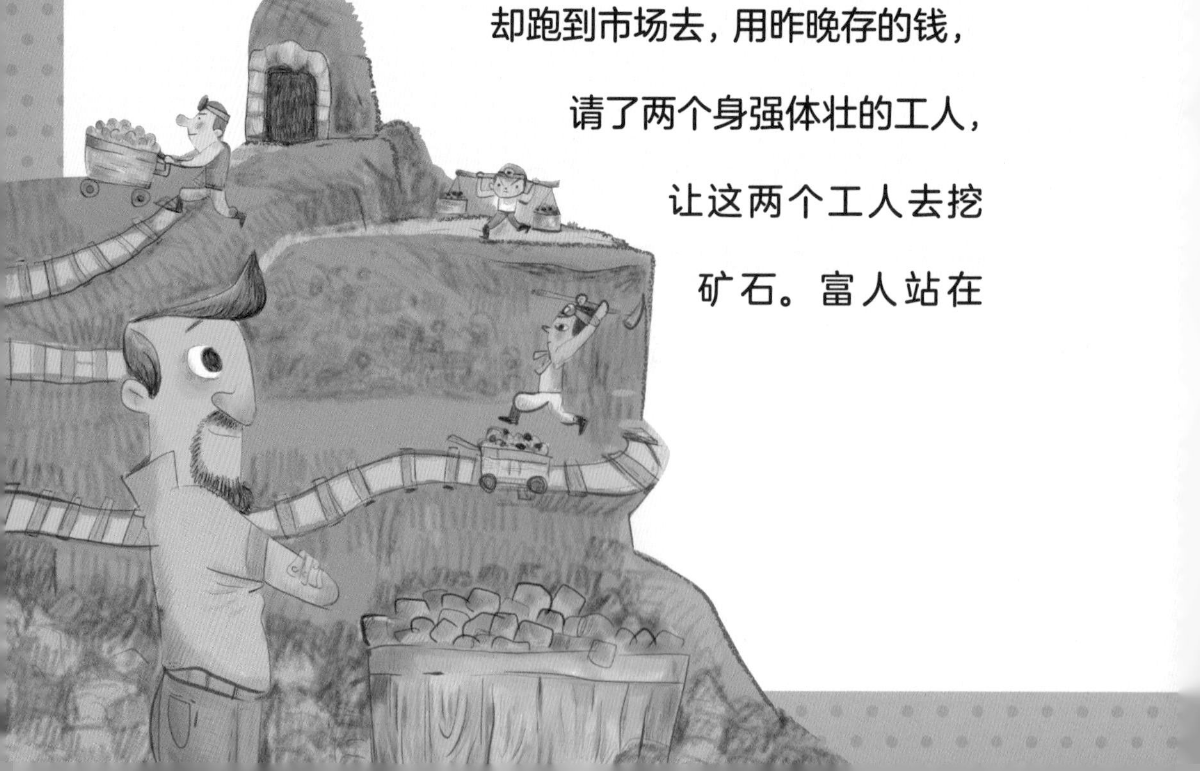

一边负责指挥和监督。只用了一个早上的时间，两个工人就挖出了许多矿石。富人把矿石卖掉之后，又拿钱多雇了几个工人，一整天下来，富人赚到的钱是穷人的好几倍。

很快，一个月过去了，穷人只挖了矿山的一角，并且把每天赚到的钱拿来让家人大吃大喝、穿好看的衣服，当然没有存下钱。而富人早就靠着一群工人挖光了矿山，赚到了许多钱，他又用这些钱投资做生意，很快，他又成了富人。

看到这个结果，穷人再也不敢向佛祖抱怨了。

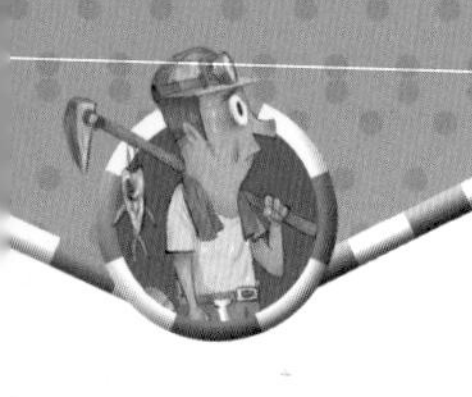

远离穷思维 培养富头脑

从前面的故事中我们可以了解到，穷人只是靠自己去挖矿石，但是一个人能挖多少矿石呢？一天又能挖多少小时呢？万一生病了，没有收入，家人就要饿肚子了！所以我们应该学习富人，善于用他人来帮助自己工作。

美国的石油大王洛克菲勒，曾经掌控美国 90% 的炼油产业，大家纷纷问他成功的要诀，他说：“把我丢在沙漠中，只要给我一支驼队，我一样能重新建立商业帝国。”洛克菲勒年轻时，依靠许多工人的帮助，建立自己的企业王国，退休后他专注慈善事业，用企业赚来的钱帮助不幸的人，成为享誉世界的大慈善家。

富人和穷人最大的不同，不在于体力和体型的差异，而在于是否拥有“有钱人”的“头脑”。我们要学习有钱人，善于用别人的体力、专业、时间来帮自己赚钱，这样不仅可以赚到更多的钱，还能实现自己的愿望，并对社会做出更大的贡献。

第4课

张和尚 李和尚

主动收入和被动收入

小朋友，你看到爸爸妈妈每天早出晚归赚钱，是不是觉得爸爸妈妈很辛苦呢？人的一生，难道只能靠上班打工赚钱吗？有没有更省力的方式，可以赚到跟上班一样稳定的收入呢？

我感觉大人们上班好累哦！有什么办法可以不上班吗？

有一个方法可以让你比别人更早脱离上班的日子。

什么办法？

增加被动收入！

说故事时间

张和尚 李和尚

从前有座山，山上有两座庙，分别住着张和尚和李和尚两个小和尚。因为山上没有水源，所以张和尚和李和尚每天都相约去山下的小溪打水。

有一天，李和尚去打水时，发现张和尚没有来，他担心张和尚生病了，就到张和尚的庙里去

探望他。没想到，张和尚却悠闲地在花园里浇花，李和尚好奇地问张和尚：“你今天没有去溪边打水，哪里来的水浇花呢？”

张和尚笑着指向旁边的一口井说：“过去的一年里，我每天早上打完水后，都会利用下午的时间来挖井，现在井挖好了，井水可以源源不绝地被打上来，我就再也不用下山去打水了。”

有了井后，张和尚再也不用下山打水（不用做事），李和尚却要天天去打水（不能休息）。

主动收入和被动收入

张和尚除了每天打水，还利用下午休息的时间努力挖井，井挖好后，就再也不怕没水喝了。

可是李和尚呢？他没有挖井，山上又没有水源，他就需要天天下山去打水，一旦偷懒就会没水喝。万一李和尚病了，或是有事没办法打水，那要怎么办呢？

这个故事告诉我们，认真打水很重要，但是努力挖好一口井，比每天辛苦打水更重要！

主动收入和被动收入是什么？

主动收入

像李和尚一样，必须辛苦地付出努力和时间，才能够有所收获（收入），这种收入就叫作主动收入。

例如，小朋友的爸爸妈妈、学校的老师、警察、医生……每天要付出“专业能力”和“时间”，努力工作才能领薪水，这就是主动收入。社会上大多数的上班族，如果不去上班，就会领不到薪水，也就没有钱还房贷和抚养孩子了。

被动收入

张和尚花一年的时间挖好一口井，从此再也不用辛苦地到山下打水，在庙里就有井水喝了，井水在这里就是被动收入。

周星驰的电影《功夫》里面的包租公和包租婆，每天都不用工作，就有房租可以拿，房租就是被动收入哦。

当房东就能快乐退休

看完这个故事，我们能够发现，大多数上班族都要工作一辈子来赚取主动收入，真的很辛苦。可是社会上也有少数人，不必工作，就能悠闲地收房租、分红，靠着被动收入来生活，真是太幸福了。

你希望自己将来是赚主动收入还是被动收入呢？或许你会说："我又不是富二代，以后怎么会有房租可以收呢？"我来告诉你一个小故事：

从前有一对年轻夫妻，跟房东租了一间店面，开了一家自助餐厅，这对夫妻很勤劳，每天从早到晚忙着买菜、切菜、煮饭、招呼客人，好不容易赚到了钱，每个月却要给房东 1 万元的房租，生活可真不容易。

他们的房东好吃懒做，又喜欢赌博，常常向这对夫妻借钱，于是这对夫妻就利用这个机会，拿借出去的钱慢慢地向房东买这个店面。20 年后，这个店面终于变成这对夫妻的了，但是这对夫妻的年纪也大了，没有体力经营自助餐厅了，于是他们就把店面租了出去，靠着收房租的钱快乐地退休了，从此再也不用工作了。

被动收入带来财务自由

这对夫妻就和张和尚一样，一开始努力赚取“主动收入”，然后利用主动收入来买下店面，再将店面租出去，创造房租这个“被动收入”。一旦被动收入（房租）超过主动收入（工作薪水），你就可以将工作“开除”，不用认真工作赚钱，你的人生也就更加自由了。

这个故事告诉我们，人的一生除了要认真工作赚钱外，更要努力帮自己创造被动收入，例如买进店面或是投资理财。当你的房租或股利收入超过你的生活支出时，你就实现“财务自由”了。

第5课

吃不完的木瓜

让钱自己生钱

小朋友，我们已经学了储蓄和理财的重要性，那么你知道，用钱来投资，就可以小钱生大钱，让财富源源不断吗？如果希望钱永远够用，到老都不用担心钱不够用，我们该怎么做呢？

你知道爸爸为什么这么喜欢买股票?

不知道，为什么呀?

因为好的股票会自己赚钱，还会一直利滚利、利滚利、利滚利……这样不就永远都有钱了吗?

那我也想学习如何买股票!

吃不完的木瓜

小时候，我的祖母养了很多母鸡和鸭子，我经常看母鸡孵化小鸡，等小鸡长大了，又可以生蛋孵化小鸡，就这样生生不息，所以我每年都有很多的小鸡可以玩儿。

后院的猪圈里还养着两头猪，我一直很讨厌猪圈粪水的味道，但是猪圈旁边长了一棵很大的木瓜树，我猜猪粪是很好的肥料吧！

我的祖父很喜欢吃木瓜。有一回，祖父吃完木瓜后，带着我们几个小孩子把木瓜子种在猪圈旁，没过多久，土里又长出了许多小木瓜树，我看着它们一天一天长大，家里也有了吃不完的木瓜。

让钱自己生钱

想要有吃不完的木瓜有两种方法：第一种是买很多木瓜放在家里，但这样会把冰箱塞满，而且要花很多钱；第二种是种几棵木瓜树，只要木瓜一直结果、一直结果，就会有吃不完的木瓜了。

小朋友，你觉得哪种方法比较好呢？很多人长大以后觉得钱不够用，可是薪水只有一点点，便幻想能够中大奖，一次得到一大笔钱，可是又有几个人能够真的中大奖呢？

其实一下子得不到一大笔钱，如果有笔钱像木瓜结果一样，很稳定且源源不断就好了。例如，一个上班族每个月都可以稳定地赚3万元，但只花1万元，那么他的钱就会花不完。投资也如此，要像种木瓜一样，找到稳定生钱的办法。买股票，领股息就是一种投资方式。

鸡蛋不要放在同一个篮子里

如果只种木瓜树，每天吃木瓜，会不会腻呢？万一木瓜树都生病了，那不就没木瓜可以吃了吗？

如果把多余的木瓜拿去跟别人交换成橘子、葡萄的种子，将橘子、葡萄的种子种到果园里，这样除了木瓜树，还有橘子树、葡萄树，就算木瓜树全都生病了，还有其他的水果可以吃，不就分散风险了吗？

卖不出去的香蕉

前一阵子非常流行夹娃娃，于是许多商店都改成了夹娃娃店，但是夹娃娃店越来越多，每家赚到的钱变得越来越少，有的店就不得不倒闭了。

还有，2018 年的时候，1 千克的香蕉价格只有 4 元，果农纷纷哭诉价格太低，赔钱了。这是为什么呢？因为前一年香蕉的价格非常好，很多果农便改种香蕉，结果香蕉的产量太多，导致价格下跌，很多香蕉卖不出去，果农只好一再压低价格出售，当然就赔钱了。

有这么一句话："人多的地方不要去。"，在经营方面，当大家都生产同一种东西或者经营同一种货物时，很可能会供过于求，导致产品价格下跌，厂家赔钱。

所以在投入资金开夹娃娃店或者种香蕉之前，都应该事先做好市场调查，把握“物以稀为贵”的原则，不要抢着跟大家销售同一种产品，有稀缺性和独特性，才能够赚到钱。

这一课告诉我们，只要多种几棵木瓜树，你就会有吃不完的木瓜，将来投资股票的观念也是一样，买的股票要和木瓜树一样，能够不断地长出木瓜来。

接下来，还要记得做好风险的分散，不要将鸡蛋放在同一个篮子里，也就是要分散投资不同产业的股票，将风险分散。

什么是股利？

我们买进一家公司的股票，就会变成这家公司的股东，当这家公司赚钱的时候，就会把利润分给我们，这就是股利。

股利又可以分为股票股利和现金股利，有的公司两种股利都会分，也就是配股又配息，有的公司只会分发其中一种股利，也就是只配股或只配息。

第6课

会赚钱的巧克力

什么是股票？

小朋友，你一定听到过大人提“股票”这两个字吧？股票是投资市场中很重要的投资工具，想要学习投资，就一定要懂得什么是股票，并充分了解，它为什么能够帮我们赚钱。

今天股票赚钱了，乖女儿，爸爸请你吃饭。

好啊，回来时，顺便去便利店买我最爱吃的巧克力。

既然你那么喜欢吃巧克力，爸爸就来说一个巧克力公司的故事，顺便让你了解什么是股票。

等我学会以后，也要靠股票赚大钱！

会赚钱的巧克力

小朋友们都知道漫威电影里的雷神索尔很威风，但你知道有一款巧克力的名字也叫雷神吗？日本有一家公司生产的巧克力，多年前曾在中国台湾地区流行过，当时因为有很多平台大力推荐，代理商又采用“物以稀为贵”的限量促销方法，导致大家疯狂抢购，有时候有钱也不一定买得到。

这种巧克力正流行时，小华看到了赚

钱的机会，打算从日本进口这种巧克力进行销售，于是他找到了小王和小明这两位好朋友，一起成立了一家巧克力公司。3 人约定好，小华出资 40 万元，小王和小明各出资 30 万元，这笔 100 万元的资金就成了巧克力公司的“资本额”，也称为“股本”。

巧克力公司就拿着这 100 万元，租了一间办公室，聘请了几位员工，开始了公司运营。公司运营一年后，扣掉办公室的租金、水费、电费、员工薪水、卖巧克力的成本等，赚到了 30 万元。3 个好朋友因为经营公司有成，相约今后都要一起合作，有钱一起赚。

什么是股票？

小华与好朋友合开巧克力公司的故事中有很多与股票有关的知识哦！故事中提到的资本额，就是一家公司的股本，因为 3 个人都拿出钱来投资了，所以他们都是公司的股东。接下来还要为大家介绍什么是股票、股利，以及如何买卖赚取利得。

首先告诉大家什么是股票。小华等 3 人成立了巧克力公司之后就要发行股票。按照规定，股票最小的单位是 1 股，1000 股就可以变成 1 张股票，如果 1 股的面额是 10 元，那么 1 张股票就是 1 万元。

巧克力公司的资本额是 100 万，总共可以发行 100 张股票。小华出资 40 万元，因此就拿到了 40 张股票；小明和小王各自出资 30 万元，因此各拿到了 30 张股票。于是小华拥有公司 40% 股份、小明和小王各自拥有公司 30% 的股份。

公司在去年赚了 30 万元，这笔钱要怎么分配给股东呢？ 3

个人召开了股东大会，会议中决定把其中的 20 万元发放给股东，这笔钱叫作“现金股利”，另外的 10 万元则存在公司里，当作“保留盈余”以备将来的不时之需。

公司有 100 张股票，现金股利 20 万元，因此每张股票可以分到 2000 元。一张股票有 1000 股，也就是每 1 股可以分到 2 元的现金股利。因为小华拥有 40 张股票，所以可以分到 8 万元（40 张 x2000 元），小明和小王则各自分到 6 万元（30 张 x2000 元）。公司赚的钱越多，他们拿到的现金股利也会越多。

股票买卖与资本利得

后来这种巧克力的热潮很快过去了，小华打算进口热门动画《鬼灭之刃》的周边商品进行售卖，可是小明和小王却不同意。尽管小华拥有公司 40% 的股份，也就是 40 张股票，而小明和小王各自有 30 张股票，没有小华的 40 张股票多，但是公司的所有决议都要经过投票表决，小明和小王加起来有 60 张股票，相当于公司 60% 的股份，赢过小华的公司 40% 的股份，他们两人只要意见统一，就可以联手反对小华提出的建议。

投票失败后，小华知道他必须拥有超过一半的公司的股份，也就是拥有 51 张股票（相当于 0.51 家公司股份 51%），才可以对公司有绝对的控制权。可是小华只有 40 张股票，他必须跟小明或小王购买 11 张股票。他知道小王最近想要买新车，正烦恼没钱，于是他和小王提议，要买他的 11 张股票。

小华提议用公司刚成立时 1 张股票 1 万元的价格来购买股票，可是小王觉得，公司已经赚钱了，要用 1 股 20 元的价格出售股票，也就是 1 张股票卖 2 万元。在经过一番讨价还价之后，最后用 1 股 18 元的价格成交。

小华为什么愿意用较贵的 18 元来购买股票呢？首先，他可以拥有超过一半的股票来主导公司的决定；其次，每 1 股可以得到 2 元的现金股利也相当不错。那么卖出 11 张股票的小王，可以赚多少钱呢？

在公司成立的时候，1 股的面额是 10 元，这是小王付出的资金成本，后来他用 1 股 18 元卖掉股票，每 1 股赚了 8 元，这就是用资本赚到的钱，成为“资本利得”。从这里可以看出，只要公司有钱赚，股东或投资人就有机会赚到资本利得。

买股票要挑选好公司

记住：不是随便买哪家的股票都能赚钱。

在挑选要投资的公司即买进股票时，应该优先选择能够赚钱的好公司的股票。以这家巧克力公司为例，股东们付出 1 股 10 元的成本，但是每年可以拿到 2 元的现金股利，投资回报率高达 20%，卖出股票时，也可用超过 10 元的价格来卖出。

所以，投资股票的重点是“买进赚钱的好公司的股票”，就有机会同时赚到“股利”与“资本利得”。

第 7 课

恐怖的大彩票

用钱赚钱 不怕没钱

很多人都有发财梦，梦想中大彩票，成为千万富翁。但如果随便花钱，钱再多也不够用。学会投资理财，用钱来赚钱，才能稳定累积财富，不怕没钱花。

新闻报道，有人中了千万元的彩票，那个人马上就成了有钱人，我也想买彩票！

别做这种发财梦了！中大奖的概率比被闪电击中的概率还低，学会投资理财，你就能让钱帮你赚钱，那时你也能变成有钱人。

投资理财听起来很难呢，小朋友也要学吗？

当然要学！理财要趁早，只要用心学习，投资理财一点儿也不难哦！

第7课
恐怖的大彩票

恐怖的大彩票

小朋友们有没有看过爸爸妈妈买彩票呢？中国台湾的“威力彩”彩票在2020年7月27日的金额累积达到了史上最高的31亿元，很多人都想成为幸运女神眷顾的对象，在开奖前纷纷排队买彩票，想要圆一个发财梦。最后开奖时由两个人平分了31亿的奖金，绝大多数人都羡慕极了。但中了头彩就能改变人生吗？

国外有个例子，英国有个叫麦克·卡罗尔的年轻人，在 2002 年赢得了近 1000 万英镑 * 的头彩，那时候，他只有 19 岁。中奖之后，他突然从一个普通人变成了大富翁，人生发生了改变。

渐渐地，卡罗尔花钱变得没有节制，买东西完全不看价钱，喜欢的就全部买回家。他不仅买了昂贵的豪宅和跑车，还经常出入高档餐厅，花天酒地。他的家人不但没有阻止他的这些行为，反而和他一起大手大脚地花钱。

后来他迷失了人生的方向，因一些违法行为，不断地进出监狱，最后到了 2012 年，他宣布破产，身无分文。

---

* 实际为 970 万英镑。为便于计算采用概数。

用钱赚钱 不怕没钱

为什么有了1000万英镑还是不够花呢？小朋友，你知道1000万英镑是多少钱吗？折合成人民币足足有8600多万元呢。一般上班族假如平均月薪约为1万元，一年所得也只有12万元，必须工作716年才可以赚到8600万呢。但是，看看卡罗尔的例子，他仅用了10年的时间就花光了需要工作716年才能赚到的8600万元。虽然钱很多，但是如果随便花，钱早晚还是不够用。

例如，买几百万的珠宝首饰、上千万元的超级跑车，有再多的钱也不够花，就算是大彩票得主也会破产。大家都知道，工作赚钱很辛苦，但突然有了钱又很容易胡乱花钱，为什么会这样呢？

因为一般人只懂得工作赚钱与花钱，突然拿到一大笔钱，除了开心花钱外，根本不晓得该如何利用这笔钱赚钱。不断乱花钱，就算有金山银山，也会很快花光光。所以，除了工作赚钱与花钱之外，更要学习如何用钱去赚钱。

银行是用钱赚钱的高手

小朋友们一定都知道银行，爸爸妈妈把钱存在银行，就可以收取一点点的利息。银行会用我们存的钱，拿去投资从而赚更多的钱，可以说，银行是用钱赚钱的高手。

如果你买进银行的股票，便会成为银行的股东，银行赚到钱后就会分给你。举个例子，兆丰金（2886）* 是“官股金控”的模范生，什么是“官股金控”呢？就是地方政府持有这家金控公司（金融控制股份公司的简称）的部分股权，业务由政府主

兆丰金近 6 年投资回报率

年度	2015	2016	2017	2018	2019	2020	平均
现金股利	1.4 元	1.5 元	1.42 元	1.5 元	1.7 元	1.7 元	1.5 元
年均股价	24.8 元	22.8 元	24.2 元	26 元	29.3 元	30.8 元	26.3 元
投资回报率	5.6%	6.6%	5.9%	5.8%	5.8%	5.5%	5.9%

* 兆丰金（2886）是在中国台湾证券交易所上市公司发行的股票的名称。2886 为股票代码。

导。简单来说，“官股金控”有政府的帮助，所以风险很低。那么投资兆丰金的投资回报率是多少呢？我们来看一下它的投资回报率过去几年的表现。

如果你在2019年，用当年的平均股价29.3元买进一股，当年就可以领到1.7元的现金股利，投资回报率是1.7除以29.3等于5.8%。从前面表格中可以看出，在2015到2020年间，兆丰金每年的投资回报率都很稳定，平均投资回报率为5.9%。像兆丰金这种有地方政府帮助，每年的现金股利和投资回报率都很稳定的官股金控公司，就可以长期投资。

那位英国年轻人如果把中奖的1000万英镑，统统拿去买兆丰金的股票，按照平均5.9%的投资回报率，那么每年他就可以领取500多万的现金股利，平均一天就是1.3万多元。每天有股利可以花，相信他不用上班也可以到处旅游吃大餐，也不会破产了。

如果不懂得用钱赚钱，任意花钱，就算有再多钱也不够花。关键还是要懂得用钱来赚钱，例如买进官股金控的股票，长长久久地领股利。会赚钱很重要，学会用钱赚钱更重要。

1

中大奖的概率有多高？我每天都买，总有一天会中奖吧？

2

假设一张股票的价格是 20 元，某年可领股利 1 元，请问投资回报率是多少？

答案见 156 页

穷妈妈和富妈妈

靠投资翻转人生

有些人的家里很穷，但生活节俭一点，也能过得很快乐。想要过好一点的生活，除了努力赚钱，也要学会投资，让钱自动赚钱，这样才能翻转人生。

我的零用钱太少了，随便买个零食，我就没钱花了……

零用钱本来就不能全花光，想要有钱，要学着存钱。

这个月存了钱，下个月可能又会不够用，怎么办？

你应该想办法赚“被动收入”，并且学习投资，让钱自己去赚钱，以后就不用烦恼没有钱了。

穷妈妈和富妈妈

我从小住在台北市北投区，五十多年前生活在农村，大多数人以务农为生，我的祖父是种田的农夫，爸爸在菜市场租了一间米店卖米。祖母养了一些鸡、鸭、鹅等家禽，还养了两头母猪和一头耕田的老黄牛。我们当时是三代同堂，家里的经济大权都掌握在祖父和祖母手里。

那个时候，大家都很穷，大人没有给小孩零用钱的习惯，我只能努力读书，然后考很多个100分，再去跟祖父要奖学金。小时候我很爱存钱，把5元、10元的奖学金存起来，一年可以存100多元。

过年的时候，小孩子最期待的就是压岁钱了，当时一个红包大约是10元、20元，我又可以拿到100多元的压岁钱。可是每年的结局都一样，我辛苦存的奖学金和压岁钱，都会被妈妈拿走，因为她比我还穷，她当时就是“穷妈妈”。

我的穷妈妈是家庭主妇，没有工作收入，但是靠着投资股票，每年领股利，养活了一家人，最后变成了富妈妈。

靠投资翻转人生

我小的时候，爸爸妈妈经常为了钱而吵架，当时钱都保管在祖父手里。有一次，妈妈要带着我和表弟出去玩，我们先到米店找爸爸要钱，可是要了半天，爸爸只肯给我们 100 元，等我们到了火车站准备上车时，爸爸才又送来 100 元，这件事一直让我印象很深刻。

在农村，妈妈们大多是在家照顾小孩，所以我的妈妈没有在外面上过一天班。不过她很会缝纫，在家里帮人缝衣服或做手工活来赚外快。

我读高中时，祖父过世了。爸爸和叔叔分家之后，我们一家的收入才稍有增加，生活也有了一些改善。可是在我考上大学后，爸爸生病，家里又没有钱了。妈妈只好在米店帮忙看店的同时，顺便靠缝衣服来赚钱。

穷妈妈用股利养全家

我大学毕业后去当兵时，爸爸不幸因病去世。家里的经济情况再次陷入困境，直到穷妈妈做了一件事后，家里的经济情况才开始好转，而且越来越好。20 世纪 70 年代，老家的农家院被建筑商收购，他们给了我们一笔钱，于是我的穷妈妈思考要如何用好这笔钱，最后她决定把钱拿来投资股票。

她运气很好，投资了未上市的一家公司，之后这家公司上市，开始赚钱并发放股利。靠着这家公司每年发放的股利，我和弟弟妹妹才可以读完大学和研究生，我的穷妈妈最后由穷变富成了富妈妈，再也不用为钱而操心。

我的岳母是富妈妈

接着再来讲一下我的“富妈妈”，也就是我的岳母大人。岳父岳母当了一辈子的公务员，岳父很厉害，年轻时还得过台湾的“十大杰出青年”的奖章，后来在台湾地区行政管理机构服务，也认识不少高官、法官和校长。

记得有一次，我去参加他们的聚会，那一顿饭就花了 5000 多元，让我大为吃惊，因为我读大学和研究生时，每个月的生活

费才 2500 元。我觉得，他们真的是有钱人，所以岳母就是我的富妈妈。

有富妈妈的好处是，在我结婚的时候，我的西装、皮鞋、领带……全部交给她操办，我不用出一分钱。我太太的嫁妆有电视、洗衣机、冰箱……让我好开心。

退休金缩减 被动收入才可靠

富妈妈当了一辈子公务员，退休后拿到不错的退休金。可是在 2017 年的时候，富妈妈的退休金被缩减了，每月收入随即减少。

穷妈妈呢？一辈子都没上过班，所以不可能有很丰厚的退休金，但是她投资的那家公司的业绩越来越好，每年回报她非常多的现金股利。

富妈妈和穷妈妈的最主要差别就在于“主动收入”和“被动收入”。

富妈妈一辈子都在靠工作赚取“主动收入”，后来时代变了，退休金减少，可是她的年纪也大了，也无法再继续工作赚钱。

穷妈妈却是靠着投资一家好公司这个“资产”，帮自己创造“被动收入”，股利会源源不断进来。

工作赚钱很重要，但是时代在不断改变，退休金可能会变少，甚至没有。所以在年轻时要努力累积资产并创造“被动收入”，到老了就可以领到很多股利当退休金。

金斧头和银斧头

黄金——来自宇宙的礼物

大家都喜欢黄金，会买金饰来佩戴，也会买金条、金币来进行投资，很多人也会拿黄金当礼物送给亲朋好友。黄金是保值的投资商品，除了实体黄金，也可以投资纸黄金。

金饰好漂亮，而且很有价值，我有钱的话，想买金饰存起来。

想存黄金，不一定要直接买金饰，也能利用纸黄金。

以纸黄金来存黄金，那我就拿不到实体黄金了。

纸黄金中的黄金，主要是买来赚价差，没办法直接换成金饰。

金斧头和银斧头

从前有一位樵夫，外出砍柴时，斧头不小心掉进了湖里，他难过地在湖边大哭。

就在这时，湖里的女神出现了，她拿出一把金色的斧头问樵夫：“这把金斧头是你的吗？”樵夫说：“这不是我的斧头。”

女神又从湖里拿出另一把银斧头，再问他：“那么，这把银斧头是你掉的吗？”樵夫再度摇摇头说不是。

最后，女神又潜入湖底，拿出一把生锈的铁斧头，樵夫一看是自己的斧头，非常开心地说："谢谢女神，这就是我掉的斧头。"女神赞赏樵夫的诚实，便将金斧头和银斧头也送给了他。

樵夫的朋友听说这件事后，非常妒忌樵夫。第二天，他故意将自己的铁斧头丢入湖里，并假装哭泣。

果然，没过多久女神就出现了，她问樵夫的朋友："这把金斧头是你的吗？"他非常开心地说："是的是的，这就是我掉的斧头！"

女神知道他在说谎，非常生气，于是带着金斧头潜入湖底。这个贪心的人不但没有得到金斧头，就连自己的铁斧头也拿不回来了。

黄金——来自宇宙的礼物

自古以来，黄金被视为极其珍贵的金属，樵夫能坚守诚信、不为所动，令人赞许。我们就从“金斧头和银斧头”的故事，来讨论一下黄金的形成与价值。

据说黄金是宇宙中的“超新星”，爆炸瞬间，高压所合成的，所以黄金其实和陨石一样，来自宇宙。

目前，地球上的黄金大约有 6 万亿吨，但多数黄金因为重量的关系都在地心、地壳里，只有当火山爆发时，这些黄金才能被从地壳里带到地表。也因为开采困难，使得人类历史上总计实际开采数量仅为 19 万吨，所以黄金非常贵重！

黄金主要有工业和商业两种用途，很多人不知道，人手一部的手机里也有黄金。当爸爸妈妈买了新的手机，将旧手机卖给回收行后，商家可以将手机里电路板上的黄金提炼出来，这就是黄金的工业用途。

而商业用途就是投资，例如，购买黄金链条、金币、纸黄金，在价格便宜时买进、在价格昂贵时卖出，就能赚到差价。

黄金哪里买？

1. 实体黄金

金条、金币、金戒指、金项链等，可以到银楼购买。好处是摸得到、看得到，缺点是若有遗失或被偷走，损失惨重。

2. 纸黄金

先去银行开户，再买卖黄金，通常以 1 克为单位。例如，买进 1 克黄金大概需要 1600 元，我们只会在存折上看到买进 1 克，实体黄金则交由银行保管，不会有遗失或被偷走的风险。

等到黄金累积至一定数量，例如存到 100 克，还可以到银行办理领回。不过，申办纸黄金最主要的目的还是赚差价，例如

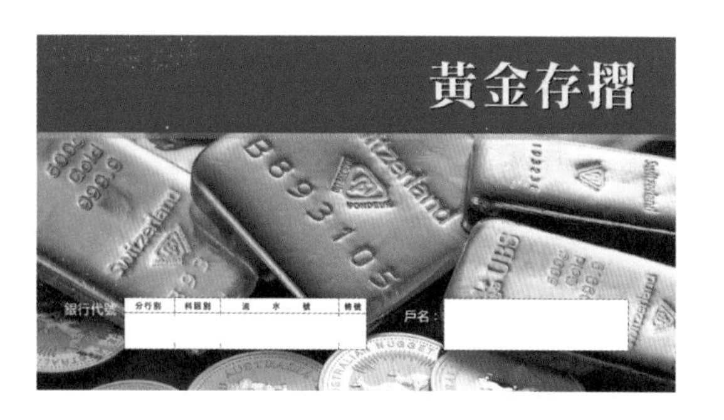

你在 1600 元买进，在 1800 元时卖出，每克便可赚到 200 元。

战乱时黄金的价值

打仗时，因为国家有可能战败甚至灭亡，使得该国发行的钞票可能会变得不值钱，此时，获得大家认同、具有一定价值的黄金会取代货币，黄金价格因此大幅上涨。例如，1990 年海湾战争期间，国际金价大涨，投资黄金的人就赚了很多钱。

下面这张钞票是 100 万亿津巴布韦元，但只能兑换新台币 11 元，只够买 1 包科学面。为什么津巴布韦的钞票这么不值钱？因为政府印了太多钞票。

假设 1 块面包本来是 20 元，因为政府印了很多钞票来买面包，并把大部分面包都买走，送给了军队，市面上的面包变少了，所以面包的价格就涨了。百姓只能花 30 元抢购面包，为了百姓有足够的钱抢购面包，于是政府又印了更多钞票。

只要政府不断印钞

票，面包的价格就会越来越贵，也就是钞票会越来越不值钱。这时候大家就不再相信钞票的价值，所以津巴布韦元的面额就算高达 100 万亿也只能换 11 元新台币。在钞票不值钱的国家，黄金就成了大家信赖的货币。

价差

价差 = 卖出价格 - 买进价格

当买进价格 < 卖出价格，就能赚钱；相反，当买进价格 > 卖出价格，就是亏钱。一般赚价差是指在便宜价格时买进，在高价时卖出。

第10课

综合巧克力

用 ETF* 买进一篮子股票

巧克力人人爱，但每个人都有各自喜好的口味，只要买一盒综合巧克力，大家就能挑选自己喜欢的口味。投资 ETF 就像买综合巧克力，可以省去挑选股票的麻烦。

*ETF：交易型开放式指数基金，别称交易所交易基金，简称 ETF。

我想投资买股票，但股市中的公司那么多，该怎么挑选？

你可以从生活中来找好公司的股票，例如 5G 手机很火热，你就可以挑选制造半导体的公司。

可是我不懂这些高科技，怕挑错股票。

这样的话，买 ETF 最合适了，省了挑选股票的麻烦，也能分散风险。

第10课
综合巧克力

综合巧克力

小朋友，你看过《阿甘正传》这部美国电影吗？它是1995年的奥斯卡最佳影片，故事很感人。在电影中，阿甘的妈妈对他说过一句话：“人生就像一盒巧克力，你永远不知道下一颗是什么滋味。”

阿甘小时候不够聪明，时常遭到校园霸凌，生活就像一颗很苦的巧克力；但是他不懈努力，后来成了亿万富翁，生活又像一颗很甜的巧克力。

小朋友，你有没有想过，巧克力礼盒里为何装的大多是综合口味的巧克力呢？因为，如果只有一种口味，例如香蕉味，万一大家正好都不喜欢这个口味，那不就卖不出去了吗！

所以，最好的方式是把巧克力礼盒包装成综合口味，这样不仅让人有新鲜感，每个人也可以挑选自己喜欢的口味。综合味的巧克力礼盒买回家后，妈妈可以选择自己最爱的白巧克力，妹妹可以挑自己最喜欢的草莓夹心巧克力……大家都能开心地吃自己喜爱的口味，还能品尝其他的口味。

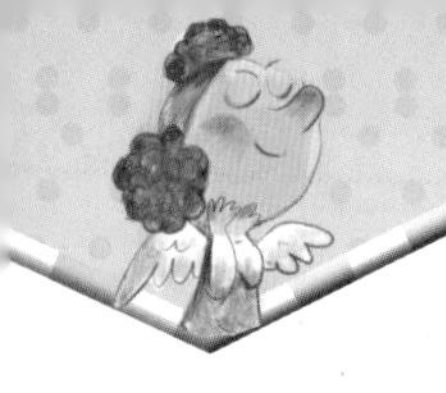

用 ETF 买一篮子股票

投资股票很像买巧克力，如果只买同一家公司的股票，万一这家公司没赚到钱或者倒闭了，该怎么办呢？所以，最好就像买巧克力礼盒一样，要买有多种口味的，买股票也要买不同公司的，如果有一家公司业绩不是很好，也不用担心。

那么该买哪些公司的股票呢？我们可以运用日常生活的经验来进行判断。

爸爸妈妈用什么牌子的手机？小朋友是不是都喜欢看某类动画片和电影？大家在哪家连锁店吃汉堡、喝可乐的时候很开心？寒假、暑假出去玩儿的时候是不是需要乘坐哪家航空公司的飞机才能快速到达目的地？家里的电脑使用哪个操作系统，供家人上网、工作？

以上你能说出名字的几家公司都会从大家的日常生活中赚到钱，如果我们买进一些这些公司的股票，它们大概率会帮我们赚钱。这些公司一般都是美国道琼斯指数的成分股，只要买进美国道琼斯 ETF（00668），就相当于同时买到这些公司的股票。

ETF 就像综合巧克力礼盒

什么是 ETF 呢？它就像综合巧克力礼盒，组合了多家公司的股票。例如 00668 这档 ETF 有 30 档道股的成分股，相当于有 30 种口味的巧克力。

台湾股市有近 2000 家公司，总不能做成一盒有 2000 种口味的巧克力吧！当然要从中挑选出最适合大家口味的，举例来说，元大台湾 50（0050）这档 ETF，就是从中国台湾股市中挑选出市值最大的 50 只股票，0050 就相当于一个有 50 种口味的综合巧克力礼盒。

买进 0050，就等于持有台湾地区最大的 50 家公司的股票，这些公司都在认真地帮你赚钱，你就能像阿甘一样变成有钱人。

第11课

巴菲特滚雪球

努力存钱 用钱滚钱

巴菲特是全球知名的投资家，靠着“滚雪球”的方式赚到很多钱。向巴菲特爷爷学习从小开始存钱，长大之后你就会有钱投资，再用钱来滚钱，积累自己的财富。

又有新 iPhone 上市了，爸爸买一部手机给我好不好？

手机好用最重要，没必要年年换新的，可以把钱存起来，买其他的东西。

存钱太慢了……

那不妨用钱去投资啊，这样就能像滚雪球一样，赚的钱越来越多。

第11课
巴菲特滚雪球

巴菲特滚雪球

有“股神”称号的巴菲特是有史以来最成功的投资人，他是投资人的偶像，大家都希望有一天能和他一样有钱！

巴菲特到底多有钱呢？截至 2023 年 3 月，他的总财产近 1300 亿美元。如果 1 美元兑换 30 元新台币的话，他大概拥有 39000 亿元新台币；如果把他的财产平均分给中国台湾的 2300 万人，不分男女老幼，每个人大约可以分到 169000 元新台币。这样算下来，巴菲特真的是超级富啊！

巴菲特为什么会这么有钱呢？他靠的是“滚雪球投资术”。台湾位于亚热带，除了高山之外，冬天都不会下雪，小朋友们几乎没有玩过滚雪球的游戏。在中国北方，冬天降雪时，小朋友都玩滚雪球。小雪球只要一直滚，就会越变越大。巴菲特以滚雪球的方式投资，一点一点地积累，财产变得越来越多。

巴菲特说滚雪球有两个重点：首先要找到够湿的雪，雪越湿，越能粘上更多的雪花；然后找到一个很长的坡道，这样雪球才能滚得时间长，才能越滚越大。

以投资理财来说，越潮湿的雪代表投资回报率越高，而坡道则代表投资时间，投资时间越长，投资回报率越高，投资效果也越好。

努力存钱 用钱滚钱

我先带大家了解一下投资回报率。假设小明用 10 元买了 1 包糖果，然后以 11 元卖给同学，那么在这次交易中，小明用 10 元赚了 1 元，此次交易的投资回报率就是 1/10，也就是 10%。

在投资的世界中，投资回报率是以年为单位。例如，甲公司用 100 万元的本金，在 1 年中赚了 10 万元，那么年投资回报率是 10%，他的本金则变成了 100+10=110 万元。如果第 2 年的投资回报率依旧是 10%，那么这个时候，他会赚到

110x10%=11 万元，而本金则会变为 110+11=121 万元。

从这个案例中可以看出，只要能有稳定的投资回报率，且将投资所得再次当成本金进行投资，随着投资时间的增加，你的钱就像滚雪球一样，越来越多。

滚得雪球越大越好

前面说到，小明用 10 元买糖果，卖给同学赚了 1 元，如果小明用100元买糖果，投资回报率不变，那么他就可以赚到10元。用比较多的本金去投资，就像开始时拿比较大的雪球来滚，最终滚出来的雪球也会比较大。

也就是说，如果一开始我们存的钱比别人多，将来用钱滚出来的钱也会比别人多很多。所以，我们从小就要知道存钱的重要性，将来才有更多的本金来滚雪球。可是存钱好像很痛苦，不能随心所欲地买自己喜欢的玩具和零食，怎么办呢？

不要着急吃棉花糖

美国的斯坦福大学曾经做过一项实验：把一群小朋友单独留在房间里，并给他们每人分一块棉花糖，小朋友可以选择马上吃掉，也可以选择忍耐 15 分钟不吃掉，如果不吃掉就可以额外得到一块棉花糖当作奖励。

研究人员发现，愿意忍耐 15 分钟等待额外奖赏的小朋友，长大后比那些马上吃掉棉花糖的小朋友更成功，因为他们愿意牺牲眼前的享受来换取未来更大的回报。

小朋友们，如果你愿意忍耐，把零用钱和考 100 分后得到的奖励金存起来，而不是全部拿去买玩具和零食，那么长大后，你用来投资的钱就会比别人多，用钱滚出来的钱也会比别人多很多。这样一来，你就可以买更多更好的玩具和零食。先苦后甜的感觉会非常棒！

1

滚雪球时，要想让雪球越滚越大，有哪两个重点？

答案

2

为什么先苦后甜能够存下的钱更多？

答案见 156 页

第12课

三只小猪

脚踏实地地赚钱

上班赚钱很辛苦，不过，有一种方法可以不工作也能赚到钱，那就是投资。但是不工作不代表什么事情都不做，想投资赚钱，一样要脚踏实地地做功课，好好研究市场，不可以乱买一通。

念书好累哦，真想每天都放假！

可是你不念书，长大就不能进好的公司上班，不能赚好多钱呀！

上班赚钱也好辛苦呢，有没有什么方法可以不工作就有钱赚呢？

其实是有的，那就是投资，但投资可不是什么事情都不做哦！

三只小猪

猪妈妈和三只可爱的小猪住在一个遥远的山村里。有一天，猪妈妈告诉三兄弟：“你们都长大了，应该去盖自己的房子，独立生活了。”三只小猪便告别妈妈，外出寻找盖房子的地方。贪睡的猪大哥随便盖了一间茅草屋，就赶快躺下来睡午觉了；爱吃的猪二哥用树枝快速盖了一间小木屋，就急忙去找好吃的了；只有勤劳的猪小弟，认真地

盖了一间坚固的石屋子。

有一天，村里来了一头饥饿的大野狼，他闻到了三只小猪的味道。他首先找到了猪大哥，大野狼用力一吹就把猪大哥的茅草屋吹垮了，猪大哥赶紧逃出家门，躲到了猪二哥的家里。

这时候，大野狼又追到了猪二哥家。他用力一撞就把小木屋撞倒了，猪大哥和猪二哥又赶忙跑去找猪小弟求救，大野狼就跟在他们后面。等到了猪小弟的房子前，大野狼不管怎么用力吹、使劲撞，都无法破坏石屋，他只好饿

着肚子去寻找别的猎物了。

脚踏实地地赚钱

猪大哥和猪二哥因偷懒、怕麻烦，盖出的房子一点儿都不牢固，因此差点被大野狼吃掉。只有猪小弟认真盖房子，顺利抵御了大野狼，也救了他的两个哥哥。三只小猪的故事提醒我们，要像猪小弟一样勤劳、脚踏实地地做事情，不可以偷懒、投机取巧。

在学校的时候，要认真读书，学习有用的知识和技能。长大后，也要认真工作赚钱。有了稳定的工作收入，才能抚养自己的小孩，孝敬自己的父母。

房子是保证我们安全的地方，最重要的当然是稳固，当大自然气候恶劣时，房子可以保护我们的生命与财产，如果随便盖了一间不坚固的房子，就算家中藏了很多的金银财宝，房子一旦被破坏，你的财产也会统统丢失。

投资股票也是一样，如果一只股票背后的公司像茅草屋、小木屋一样不坚固，那么这些公司很快就会有倒闭的风险，而你辛

苦投入的资金也可能会化为乌有。所以投资股票之前，要先挑选一个像石屋那样坚固、不容易倒闭、正在赚钱的公司。

例如，大人和小朋友都喜欢光顾的连锁便利店，在街头巷尾都能看到它的踪迹，而且每一家的生意都很好。还有，现在基本上人手一部手机，要上网的话，就需要有相关的电信公司进行服务。因此，像这样的，在生活中人人都离不开的公司，是非常不容易倒闭且可以稳定赚钱的好公司，这类公司的股票是可以长期投资的。

理财 9 字诀

有了稳固的资产，就可以产生稳定的收入。下面再教小朋友们“理财 9 字诀”，来帮助你管理自己的资产。

小朋友们玩过模拟战争的游戏吗？玩这个游戏时，首先要建立稳固的城墙，抵御敌人的进攻；之后要努力挖矿石，才有钱去盖工厂和养活军队；最后要有耐心，等军队强大后再去攻击敌人。按部就班做好这 3 个步骤就有机会成功，而这 3 个步骤可以用 9 个字概括，那就是：高筑墙，广积粮，缓称王。

1. 高筑墙

稳固的城墙可以抵御敌人的攻击。人生中会遇到很多意外，有了坚固的堡垒，就能面对潜在的危险和挑战。例如，有强大的能力，就不怕被裁员；买进不容易倒闭的公司的股票，就不怕股票变成废纸；有了自己的店面，就可以稳定地收租金。

2. 广积粮

古时候打仗，最重要的就是士兵的数量以及粮草的供给，现代人玩游戏也要努力挖矿，获得资源、粮食、钱，才能打胜仗。上班工作可以领到薪水，好公司的股票可以发放股利，店面可以收取租金……不同的理财方式，可以让你的收入渠道更多，不仅可以支付日常生活花费，剩下的钱还可以拿来再买进更多的股票和店面，创造更多财富。

3. 缓称王

想成功，千万不能着急，要有耐心。有些人急着赚大钱，听到谣言说什么股票会大涨，自己没好好研究，就赶紧拿钱去买，结果钱都亏光了，反而变成了穷人。仔细想一想，如果你知道那

只股票会大涨，你会告诉别人吗？投资最重要的还是要脚踏实地，不要随便听信谣言，太贪心的下场往往就是什么都得不到。

偷懒没有好结果

三只小猪的故事告诉我们，做任何事情都要脚踏实地，不可以偷懒、贪快，也切勿好高骛远。想要拥有很多财富，必须要有耐心，靠着工作存钱、投资理财，建立稳固的根基，这样才能依靠自己所积累的资产，设法让财富翻倍。不要听到别人说有快速赚钱的方法，或者有只一定会大涨的股票，就傻傻地把钱投进去。要谨记“贪＝贫”，太贪心就会被人利用。

第13课

龟兔赛跑

慢慢走比较稳

小朋友，你看过乌龟爬行吗？ 乌龟爬行的速度虽然很慢，但步伐稳健，只要不断前进，一样能抵达终点。投资时要挑年年赚钱的公司，即使回报率不高，但慢慢积累，一定能创造佳绩。

我同学的爸爸买了一家公司的股票，之前大赚，现在却赔惨了，因此他也没有再收到零用钱了。

所以说，我们投资股票，一定要选择获利稳健的公司，才能走得长久。

就像《龟兔赛跑》里的乌龟一样吗？

没错，先求稳且持久，再求好。

第13课
龟兔赛跑

龟兔赛跑

兔子常嘲笑乌龟爬得很慢，自己随便走都可以赢他，乌龟听了之后很不开心，便对兔子说："既然你那么厉害，光说没有用，我们来赛跑，一决胜负吧！"兔子很骄傲，心想自己随便跑就能赢过乌龟，就爽快地答应进行一场比赛。

比赛当天，裁判小羊鸣枪后，兔子便一溜烟儿跑了出去，把乌龟甩得老远。跑了一段路

之后，他回过头寻找乌龟，但怎么看都没看到，于是兔子决定停下来等乌龟，等看到乌龟时，好好嘲笑乌龟一番。

可是等了好久，还不见乌龟的影子，兔子觉得无聊，心想反正乌龟爬得那么慢，干脆在旁边柔软的草地上小睡一下。就在兔子进入梦乡的同时，乌龟拖着缓慢的步伐出现了，他小心翼翼地，没有惊动兔子，一步一步地向终点爬去，等兔子睡醒时，乌龟早已抵达终点，赢得了这场比赛。

慢慢走比较稳

小羊是饮料店的老板，他有乌龟和兔子两名员工。乌龟每天都准时上班并认真工作，每天可以稳定卖出 150 杯饮料。可是兔子工作完全看心情，心情好的时候一天可以卖出 200 杯饮料；心情不好的时候就消极怠工，一天只能卖出 50 杯饮料，甚至会跑到一边睡觉，一杯饮料都卖不出去。如果你是小羊，你会喜欢哪个员工呢？

选择乌龟当员工，每天虽然卖出去的饮料杯数会比兔子心情好时卖的饮料杯数少，但是他可以稳定地卖出 150 杯，羊老板可以稳定地赚钱。如果用兔子当员工，饮料店就有可能每天卖 200 杯，也有可能每天卖 50 杯，甚至可能每天一杯都卖不出去。那么羊老板就有可能赚钱，也有可能亏钱，收入不稳定。

经营一家公司，稳定赚钱最重要，如果小羊聘请乌龟当员工，赚到钱之后可以再去开第 2 家、第 3 家饮料店，赚取更多的钱。

投资界有一句名言："慢慢走，反而走得远。"是不是和龟兔赛跑很类似呢？投资一家公司最重要的是有稳定收入，如果收入不稳定，今年大赚、明年却大赔，后年还要看运气，你还敢投资这家公司吗？

下面讲一个公司老板学习乌龟的精神，带领公司成长进步的小故事。中国台湾地区一家生产电脑的大公司，创始人觉得，经营公司要像乌龟一样：头抬很高，放眼未来，脚踏实地，稳步前进。就是这一套"乌龟哲学"，让这个公司成为本地区最大的笔记本代工厂。

所以说，有时候慢慢走，真的会走得更远。

72法则

假设小华拿出100万投资一家公司，预计年投资回报率是6%，那么第一年小华可以赚到100×6%=6万元。将这6万元再进行投资，那么本金一共是100+6=106万元；如果第2年的投资回报率仍然是6%，那么他的106万元就可以赚到106×6%=6.36万元，总投资额就变成了106+6.36=112.36万元。由此可见，只要有稳定的投资回报率，小华的本金也会越来越多。

那么小华要用多少年的时间，才能将100万元变成200万元呢？这时可以用“72法则”来计算。方法很简单，用72除以投资回报率就是本金变2倍需要的年数。例如：小华投资的公司的年投资回报率是6%，72÷6=12，也就是说，12年后，小华的100万元就会变成200万元。

如果投资回报率变成12%，那么72÷12=6，表示只要6年的时间，小华的100万元就会变成200万元。从这个例子可以看出，投资最重要的是要有稳定的投资回报率，那么你的钱每年就可以稳定地增加，如果投资回报率越高，你赚钱的速度也就越快。

不过要注意哦，投资回报率并不是越高越好，因为高投资回报率的投资往往也伴随着高风险。就像兔子，虽然跑得快，但未必能赢得比赛。所以，最重要的还是要有稳定的投资回报率，虽然乌龟爬得比较慢，但只要持之以恒，最终就可以成功。

1

一家获利稳健的公司具备什么特质?

2

如何成为好的公司的股东呢?

答案见156页

第14课

玩跷跷板

借力使力 实现梦想

玩跷跷板时，你只要坐在跷跷板的最边沿，请对方坐在另一端离中心近一些的地方，你就可以轻松地挑起对方。这就是“杠杆原理”，而它不仅能运用在游戏中，还可以运用在投资理财中哦。

我今天和同学玩跷跷板，为什么我只要坐在跷跷板的边沿，就能轻松挑起同学呢?

那说明你利用了杠杆原理。

杠杆原理是什么?

杠杆原理是物理学概念，只要好好使用杠杆原理，就能比较省力地达到目的，这个原理也可以运用在投资理财中。

第14课
玩跷跷板

玩跷跷板

小明下课时，约了班上的小朋友小华和小美一起玩跷跷板，并且和他们两个人打赌，自己一个人就可以把他们两个人挑起来，如果他失败了，就要请他们两个人喝饮料。三人约定好之后，小明请小华和小美坐在跷跷板一头靠近中心的位置，自己坐在另一头，并且特意挑选了跷跷板远离中心的位置坐好。

准备就绪后，小明大喊一声“开始！”，三人就都把屁股往下沉，都想要把对方挑起来。小华和小美对他们两个赢得比赛非常有信心，毕竟两个人的重量肯定大于小明的重量。可是随着三个人的重心慢慢下压，小华和小美发现，他们的双脚竟然离地面越来越远，最后两个人都腾空了，而对面的小明则是双脚踩地，笑嘻嘻地看着他们两个人。很明显，小明赢了这场比赛。

小明之所以自信满满地向小华和小美“下战书”，就是因为前一天他从爸爸口中知道了“杠杆原理”：只要施力的距离大于抗力的距离，就可以轻轻松松举起大于自己好几倍的重量！

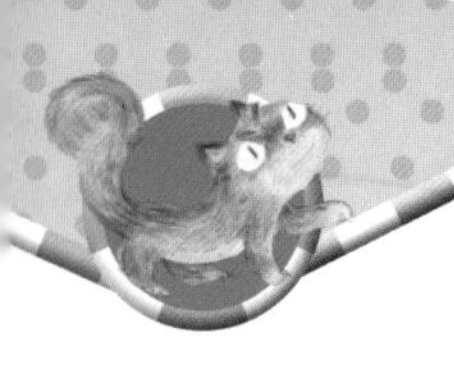

借力使力 实现梦想

试想一下，当你长大工作后，是选择当公司的员工努力工作赚钱，还是当老板靠很多员工来帮你赚钱呢？

在一家公司当小员工，首先要用十几年的时间读书（小学 6 年、初中 3 年、高中 3 年、大学 4 年……），毕业后，每天要工作 8 小时，有时还要加班到非常晚，工作到 60 多岁才能退休。

但是公司的老板，只要支付一定的薪水，就可以聘请一大堆员工来帮公司赚钱。例如大家常去的便利店，白天有 3 个员工，晚上有 2 个员工，这样就有 5 个员工帮店长赚钱，比起店长一人赚钱，5 个员工赚钱的速度是店长一人赚钱速度的 5 倍。

老板聘请员工就是利用“杠杆原理”的最佳实践：老板善用员工的知识和时间来帮他赚钱，比他自己一个人赚钱要省力，且能获得更多投资回报。

向银行贷款一定额度

杠杆原理不仅能用在开办公司上，也可以运用在买固定资产和投资中。

借贷买固定资产

买一家价值 1000 万元的店铺，不用真的等存到 1000 万元再买，你可以向银行申请贷款来买这些店铺。例如，先支付自己存下的 300 万元做首付，再和银行贷款 700 万元，这样就可以买下这家店铺。这时候的杠杆数是 $1000 \div 300 \approx 3.3$。也就是说，你用 300 万元可以买下这笔钱 3.3 倍的商品。

融资买股票

在股票市场中，有些股票 1 股只要几万元，但是有些股票 1 股需要几十万元甚至几百万元。如果钱不够，但你又很想买股票，就可以向证券商借钱，把股票抵押，并支付利息，然后得到一定的资金，这就是所谓的“融资”。

假如小明想要买进一张 100 万元的股票，但是他手上只有 40 万元，那他就可以向券商借 60 万元，凑足 100 万元来买股票，这时候使用的杠杆是 100 ÷ 40=2.5 倍。只不过向证券商借的 60 万元要付利息，而且年利率也不低，约 6% ~ 7%。

小明向证券商借了 60 万元，必须将价值 100 万元的股票抵押，融资维持率 = 股票现值 ÷ 融资金额，即 100 ÷ 60 约等于 167%。融资维持率越高，证券商就越安心，万一股价下跌，导致原先价值 100 万元的股票，只剩下 78 万元的价值，融资维持率就会变成：78 ÷ 60=130%。

当融资维持率降到 130% 时，证券商就会开始紧张，并发出“融资追缴通知”，要小明补缴“保证金”，例如补缴 22 万元，再加上抵押在证券商那里的价值 78 万元的股票，总价值又会变成 100 万元，融资维持率又达到了 167%，证券商就会撤销融资追缴通知。

万一小明没有钱缴纳保证金，而股票又一直下跌的话，证券商就会将抵押的股票全部卖出，这是所谓的“强制平仓”。例如当小明的股票只剩下 60 万元时，证券商会将小明融资买进的股票全部卖出，因为小明向证券商借了 60 万元，所以卖股票得到的 60 万元就全部属于证券商。如此一来，小明的 40 万元就犹如“肉包子打狗，一去不回”了。

借钱投资要谨慎

小明向证券商借钱买股票的故事告诉我们，融资买股票虽然可以“以小博大”，拿出一笔本金，可得到 2.5 倍的回报，但是赔钱的速度也是 2.5 倍哦！而且还要付出高昂的利息，所以借钱投资一定要小心谨慎。

过去多次股灾的时候，不少人惨遭“强制平仓”，不仅赔光身家，还欠了一屁股债，因此用融资的手段买股票，一定要非常非常谨慎！

第15课

便利店的咖啡

资产和负债

你知道穷人和富人的差别是什么吗？穷人买进“负债”，而富人买进“资产”。以便利店的咖啡为例，个人购买咖啡的行为是买进负债，而购买因咖啡而赚钱的股票就是买进资产。

咖啡有那么好喝吗？爸爸你为什么每天都要来一杯？

咖啡不仅好喝，还可以提振精神哦！

这样每天喝，岂不是会花很多钱吗？

放心！爸爸只会用赚来的股利钱买咖啡。

FamilyMart
cofe

第15课
便利店的咖啡
股 票
Let's Cofe
cofe

便利店的咖啡

中国台湾地区的大街小巷都有便利店，不管什么时候都可以进去买东西，非常便利。小朋友，你有没有发现，许多上班族每天都会去便利店买杯咖啡？你知道便利店一年可以卖出多少杯咖啡吗？

根据 2019 年的统计资料显示，台湾地区两家大便利店分别卖出 1.4 亿和 3.4 亿杯咖啡，这两家便利店加起来一共卖出了 4.8 亿杯咖啡，你知道，

这两家便利店仅仅靠咖啡能赚多少钱吗?

台湾地区的便利店的咖啡零售价从最便宜的25元到最贵的75元，平均一杯咖啡大约是50元，扣掉原料和人工成本后，假设卖一杯咖啡净赚25元，那么4.8亿杯咖啡就赚了120亿元，难怪市场上会将咖啡称为“黑金”，因为它真的是“黑色的黄金”。

资产和负债

为什么上班族喜欢喝咖啡？因为工作非常辛苦，每天一大早出门，晚上又拖着疲惫的身体回家。为了提振精神，买早餐时便会顺便买杯咖啡，工作到下午又会买杯咖啡来醒醒脑，下班时又会买杯咖啡来犒劳自己，口袋里的钱每天都会默默贡献给咖啡。

小朋友，你听过“富人越来越富，穷人越来越穷”这句话吗？如果你不想变穷，首先要避免钱从你口袋里流出去；想要变有钱，就要让钱一直流入你的口袋中。

分析两大便利店的咖啡销量，便可以看到一个现金流动的现象，每年有超过 120 亿元从上班族的口袋中流出去，流入便利店股东的口袋中，所以便利店的股东就会越来越有钱。

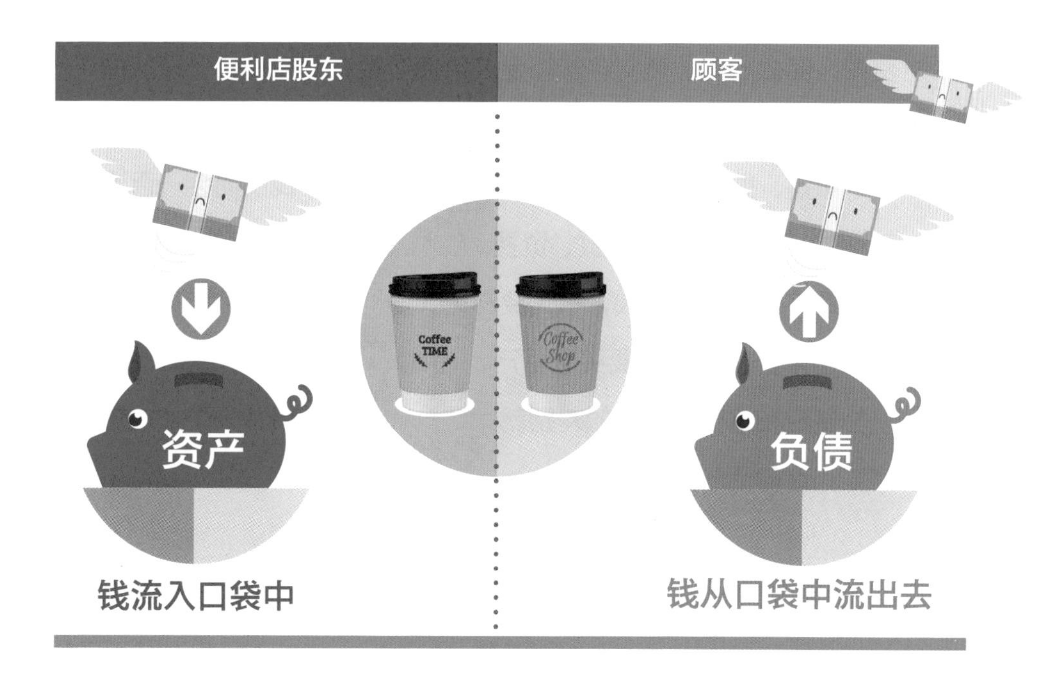

贫穷和富有的差别

钱是经常流出你的口袋还是流入你的口袋，将决定你未来是富有还是贫穷。这里要先和小朋友解释一下什么叫作“资产”，什么叫作“负债”。能帮你把钱放进口袋的东西叫作资产，能把你的钱从口袋拿走的东西叫作负债。小朋友到便利店买零食，钱就会从你的口袋中流出去，当你使用手机时，也要交固定的

资费，那么零食、资费这些都是“负债”哦！因为钱会一直从你的口袋中流出去。

可是，如果你是便利店或电信公司的股东，钱反而会一直流入你的口袋，这时候零食、资费又变成了你的“资产”。所以，如果你将来想当有钱人，首先要避免买进负债，阻止金钱从你口袋跑出来；其次，你要买进资产，让钱一直流进你的口袋。

贫穷和富有最主要的差别就是“一个买进负债，一个买进资产”，这句话一定要牢牢记住。

利用资产买进负债

虽然买进咖啡是负债，但是不喝咖啡又没有精神上班，那么有没有免费的咖啡呢？其实这两家便利店每年都会发放现金股利给股东。以第一家店为例，如果上班族买进他们便利店的股票，一手股票是 1000 股，2020 年每股发放 6.5 元的现金股利，那么一手股票就可以拿到 6500 元，因为钱是流入口袋里，所以第一家店的股票是“资产”。

如果用这 6500 元买他们店的咖啡，以一杯 45 元计算，可以买 144 杯。也就是说，不用花额外的钱，只要先买进他们店的股票（资产），他们店就会“请”你喝 144 杯咖啡，不用花自己的钱来买进这个“负债”。

有钱人的思考方式就是“先买进资产，再用资产生出的钱来买进负债”。所以有钱人会越来越有钱，因为他买进负债（消费）都不用额外花钱。

小测验答案

第7课解答

1. 根据中国台湾地区的资料显示，在台湾中头奖的概率是 2,209 万分之一，另外，据统计，被闪电集中的概率约为 60 万分之一，中头奖的概率比被闪电击中还要低很多。

2. 投资回报率 = 股利 ÷ 股价 =1÷20=50%

第11课解答

1. 重点 1：找到够湿的雪（投资回报率高）。
重点 2：找到很长的坡道（投资时间很长）。

2. 先苦后甜。先把钱存起来，才不会把钱花光，积累较多的本金后，才能滚出更多的钱。

第13课解答

1. 特质 1：公司售卖的产品在市场上有竞争优势。
特质 2：公司重视经营管理，经营者有能力带领公司成长进步。

2. 购买好的公司的股票，就能成为该公司的股东，公司若赚钱，也会分股利给你。

我的笔记